ESQUISSE

DES

PROGRÈS DE LA PHYSIQUE

DUS AUX SAVANTS DE LA BOURGOGNE

PAR

JULIEN BRUNHES

(Extrait du tome IIe, IVe série des *Mémoires de l'Académie de Dijon*.)

ESQUISSE

DES

PROGRÈS DE LA PHYSIQUE

DUS AUX SAVANTS DE LA BOURGOGNE (1)

I

MESSIEURS,

Au moment où le projet de loi sur les Universités est venu mettre en question l'avenir de l'enseignement supérieur à Dijon, les corps élus de la ville et du département, les conseils universitaires ont invoqué les titres qu'avait la capitale de la Bourgogne à garder, à compléter, suivant les besoins du temps, l'enseignement dont est dotée depuis si longtemps votre belle province. Les sociétés savantes, les corporations, les syndicats professionnels, la cité tout entière s'est émue de ce danger. Vous avez éprouvé les premiers cette émotion, vous rappelant l'œuvre de vos prédécesseurs. Ils avaient au siècle dernier consacré au développement de l'enseignement supérieur à Dijon des

(1) Lecture faite à l'Académie dans la séance du 22 avril 1891.

ressources considérables que de généreux donateurs
leur avaient apportées en retour des services rendus
et de l'honneur fait au pays. Vous seriez prêts à
continuer cette noble tâche, si vous aviez encore
les riches dotations d'autrefois et vous aideriez ef-
ficacement à résoudre le problème qui va se poser
ici. Mais il est une part que les révolutions n'ont
pu vous enlever dans l'héritage de vos confrères du
XVIII° siècle. Vous avez su garder leur goût délicat,
leur esprit de recherche, leur passion pour votre
chère Bourgogne. Vous restez attachés à ce patrimoine intellectuel, vous êtes les gardiens fidèles
de vos glorieuses traditions.

S'il y a intérêt à les rappeler, ce n'est point à
vous, qui les suivez avec honneur. Mais si les chefs-
d'œuvre des orateurs, des poètes, des écrivains,
des artistes de votre province sont appréciés de
tous, les travaux de vos savants sont moins connus ;
ils ont perdu souvent leurs marques d'origine en
enrichissant le fonds commun qu'exploitent les
générations nouvelles. On pourrait montrer que
leurs œuvres ont contribué dans une large
mesure au développement de toutes les branches
de la science ; mais une pareille tâche serait au-
dessus de mes forces et je me bornerai à faire
l'exposé des principales recherches dues aux savants de la Bourgogne qui se rapportent aux connaissances que je suis chargé d'enseigner. Il
me serait difficile d'en faire une énumération
complète ; pour cela je ne connais pas assez vos annales. Sans les avoir étudiées on peut cependant indiquer la place importante que tiennent

dans l'histoire générale de la physique les travaux de quelques-uns de vos contemporains, de
vos prédécesseurs et de leurs précurseurs en Bourgogne. Certaines parties de cette science leur sont
particulièrement redevables. Telles sont l'élasticité, la chaleur, l'hydraulique, l'optique et la physique du globe ou météorologie. C'est ce que je
vais essayer de vous exposer.

II

C'est à Mariotte, abbé de Baulme-la-Roche, près
Dijon, membre de l'Académie royale des sciences,
que l'on doit des recherches bien conduites sur
l'élasticité des gaz. Le physicien anglais, Boyle, l'a-
vait précédé dans cette voie (1661) ; mais il avait
seulement soumis une masse d'air à des pressions
plus grandes que la pression atmosphérique. Les
expériences de Mariotte plus nettes, plus simples et
plus complètes ont été exposées par l'auteur
dans son *Essai sur la nature de l'air* (1).

« La première propriété de l'air », dit-il, « est
la pesanteur » et 30 ans après la célèbre expérience de Périer, beau-frère de Pascal, sur le
Puy-de-Dôme (20 septembre 1648), il en donne
une nouvelle preuve expérimentale : « Faites
« plonger, dit-il, un baromètre dans une eau pro-

(1) Cet essai a été imprimé pour la première fois à Paris en 1676.

2*

« fonde et fort claire et vous verrez que la hauteur
« de 3 pieds et demi d'eau, soit 42 pouces, par des-
« sus cette surface fait monter le mercure vers le
« bout d'en haut environ 3 pouces plus haut
« qu'il n'était dans l'air et que la hauteur de 14
« pouces ne le fera élever qu'à 1 pouce plus
« haut » (1).

D'après cela, si on transporte le baromètre au-
dessous de la surface du sol, comme on l'enfon-
çait tout à l'heure au-dessous du niveau de l'eau, le
mercure doit s'élever dans la branche fermée du
baromètre et c'est ce qu'observa Mariotte « et si
« l'on descend dans des caves ou dans des mines
« fort profondes, » dit-il, « il se hausse peu à peu
« à mesure qu'on descend comme étant succes-
« sivement chargé d'une plus grande quantité
« d'air (2). »

« La seconde propriété de l'air », ajoute le savant
physicien, « est de pouvoir être extrêmement
« condensé ou dilué et de conserver toujours une
« vertu de ressort par laquelle il repousse ou fait
« effort pour repousser les corps qui le pressent.
« La plupart des autres ressorts s'affaiblissent peu
« à peu, mais on ne remarque pas que celui
« de l'air s'affaiblisse (3). » Il constate que l'air
voisin de la surface a une force de ressort égale
au poids de la colonne d'air qu'il supporte et

(1) Œuvre de Mariotte, *Discours de la nature de l'air*, page 150,
tome Ier. Edition de La Haye (1740).
(2) Ibid, *Traité du mouvement des eaux*, tome II, page 362.
(3) Ibid., *Discours de la nature de l'air*, page 150.

il démontre que « sa condensation se fait selon la
« proportion des poids dont il est chargé », ce qui
revient à dire que sa densité est proportionnelle à
la pression.

Il établit cette loi importante à l'aide des expériences simples que nous faisons encore aujour-
d'hui en employant le tube à 2 branches qu'on
appelle avec raison *le tube de Mariotte*. La petite
branche, qui était fermée et partout du même ca-
libre, avait un pied de hauteur ; la grande avait
8 pieds ; l'air confiné pouvait être réduit à n'occuper que le quart du volume primitif sous une pression quatre fois plus forte. Il fit voir encore que
« si le mercure demeure dans le tuyau d'un ba-
« romètre à une hauteur de 14 pouces, l'air ren-
« fermé dans le haut du tuyau est dilaté deux fois
« plus qu'avant l'expérience ». C'est l'extension
de la loi au cas des pressions plus faibles que la
pression atmosphérique.

Il déduit toutes les conséquences de ce principe
capital et donne la solution des problèmes qui s'y
rattachent.

Les confrères de Mariotte auraient pu dire de
lui ce que Dulong a dit plus tard de Gay-Lussac :
« Gay-Lussac est heureux, il trouve des lois. » Et
de fait les lois de Mariotte et de Gay-Lussac régissant,
l'une les variations de volume avec la pression et
l'autre avec la température, caractérisent aujour-
d'hui ce que les physiciens appellent les *gaz par-
faits*. Ils entendent par là que les modifications que
subissent les gaz s'écartent peu de celles que font
prévoir ces lois fondamentales et, dans toute hypo-

thèse sur la constitution des gaz, on est conduit à admettre d'abord qu'ils les suivent rigoureusement.

La loi de Mariotte, tantôt acceptée, tantôt contestée par les expérimentateurs du xviiie siècle, parut définitivement établie, pour l'air du moins, à la suite des grandes expériences de Dulong et d'Arago, qui, après avoir comprimé de l'air jusqu'à 27 atmosphères, conclurent que dans ces limites la densité du gaz croissait proportionnellement à la pression (1827).

Les expériences étaient bien faites ; mais la méthode manquait de sensibilité et ne devait pas permettre de reconnaître sûrement de faibles écarts entre l'élasticité réelle des gaz et celle qu'assignait la loi.

Or il n'existait justement que des écarts de cet ordre, comme Regnault l'a mis en évidence (1846), à l'aide d'une méthode qui a permis d'atteindre une précision jusque-là inconnue. Il montra que les gaz appelés alors *permanents*, parce qu'ils n'avaient pas été liquéfiés, s'écartaient très peu de la loi formulée par le physicien bourguignon et que tous les gaz étaient un peu plus compressibles que ne le voulait la loi, sauf l'hydrogène, qui au contraire se comprimait un peu moins. Regnault pensait que pour des pressions suffisamment élevées l'hydrogène, comme les autres gaz, finirait par être plus compressible et il ajoutait : « Il est très peu « probable que l'on parvienne jamais à pousser les « expériences assez loin pour déterminer directe- « ment la véritable forme des courbes représen- « tant la compressibilité des gaz, tels que l'azote

« et l'hydrogène, qui résistent énergiquement à la
« liquéfaction (1). »

Cependant huit ans après Natterer de Vienne,
après avoir opéré à des pressions bien plus considérables que celles qu'avait employées Regnault,
mais dont la mesure n'était pas faite avec une grande
précision, annonça que l'azote et l'air de plus en
plus pressés finissaient par se comporter comme
l'hydrogène. La question était encore controversée
quand un de vos savants confrères M. Cailletet en-
reprit de nouvelles recherches sur le même sujet.
Ses expériences commencées à Châtillon-sur-Seine
ont été poursuivies à Paris au Puits artésien de la
Butte aux Cailles. Une petite masse de gaz azote
est renfermée dans un réservoir surmonté d'un
tube effilé dont les parois internes sont recouvertes
d'une pellicule d'or. Ce réservoir ouvert à la
partie inférieure est baigné dans le mercure qui
remplit un tube en acier à parois très résistantes
qu'on appelle tube laboratoire. Celui-ci communi-
que à son tour avec un tube flexible d'acier qu'on
peut aussi remplir de mercure et qui sert de manomètre à air libre. L'appareil suspendu à un
gros fil d'acier, auquel est attaché aussi le tube
flexible, est plongé dans le puits à différentes pro-
fondeurs. Pour obtenir ce résultat on fait tourner
dans un sens ou dans l'autre un tambour de 2
mètres de diamètre sur lequel sont enroulés le fil
d'acier et le tube flexible. Le gaz confiné dans le
réservoir subit ainsi la pression d'une colonne de

(1) *Mémoires de l'Académie des sciences*, tome XXI, page 414,
Compressibilité des fluides.

mercure qui peut atteindre 250 mètres de hauteur.
On ne peut lire directement la position du niveau
du mercure dans l'éprouvette, mais on en trouve
la trace, parce que la couche d'or est enlevée dans
toute l'étendue des parois que le mercure a tou-
chées.

Nous sommes ainsi bien loin du tube de Mariotte
de huit pieds de longueur et même de la colonne
de 24 mètres formée par des tubes bien raccordés,
dont se sont servis Dulong et plus tard Regnault.
Notre savant confrère a fait connaître le résultat
de ses belles expériences le 13 janvier 1879 (1). Si
l'azote est d'abord plus compressible que ne l'in-
dique la loi de Mariotte, comme l'avait établi Regnault, il cesse de l'être, contrairement aux pré-
visions de cet éminent physicien, sous une pression de 75 atmosphères. Il suit alors transitoirement
cette loi et pour des pressions croissantes il devient
comme l'hydrogène de moins en moins compressible.

A la même époque M. Amagat de Lyon a établi
au fond du puits Verpilleux, près de Saint-Etienne,
un immense manomètre à air libre d'une hauteur
de 327 mètres, qui est la distance de la galerie de
mine à la surface du sol. En introduisant dans la
méthode de Regnault les modifications exigées par
les proportions grandioses et les conditions spéciales du nouvel appareil, le savant physicien a mesuré
l'élasticité de l'azote dans des limites plus étendues
qu'on ne l'avait fait avant lui et il a reconnu, comme

(1) *Comptes rendus de l'Académie des sciences*, tome LXXXVIII,
page 61.

l'avait exposé M. Cailletet un mois auparavant,
que l'azote suffisamment pressé est de moins
en moins compressible pour des pressions croissantes. Mais cette installation remarquable, où
tant de difficultés ont été heureusement surmon-
tées, ne pouvait être utilisée qu'à certains jours et
était forcément temporaire dans le puits d'une
mine exploitée. Aussi M. Amagat a-t-il dû se bor-
ner à soumettre le gaz azote seul à ce mode d'expérience et il a ensuite comparé dans son laboratoire
la compressibilité de l'azote à celle des autres gaz. —
C'est ainsi qu'il a montré que tous les gaz finissent
par se comporter comme l'hydrogène et l'azote
c'est-à-dire qu'ils sont à des degrés divers et pour des
pressions variant d'un gaz à l'autre moins compressibles que ne le faisait prévoir la loi de Mariotte.

Malgré l'importance des résultats acquis, M. Cailletet, qui ne se lasse point, estime avec raison que
la question n'est pas épuisée. Aussi s'est-il remis
à l'œuvre et dans la séance du 13 avril dernier il a
décrit devant l'Académie des Sciences de Paris l'appareil manométrique qu'il vient de faire construire
à la tour Eiffel. Le colossal instrument, pourvu de
tous les perfectionnements suggérés par les expériences antérieures et réalisés en mettant à profit
tous les progrès accomplis dans ces derniers temps,
permettra de résoudre, outre les questions relatives
à l'élasticité des gaz et de leurs mélanges, plusieurs
autres problèmes d'un très grand intérêt.

La science en est redevable à deux Bourguignons :
à votre savant confrère M. Cailletet et à l'ingénieur
dont l'habileté égale la hardiesse, qui a dressé au

Champ de Mars l'édifice le plus élevé du globe, à votre compatriote Dijonnais M. Eiffel, qui a mis son monument au service de la science et a fait généreusement disposer à ses frais les pièces du nouvel appareil de la base au sommet de la tour.

On doit encore à M. Cailletet des expériences importantes sur la liquéfaction des gaz. En employant des pressions de plusieurs centaines d'atmosphères et en utilisant la détente pour produire une action frigorifique très énergique à un instant donné, il a réduit graduellement le nombre des gaz réputés permanents et a fait disparaître cette catégorie de corps dans ses mémorables expériences de la fin décembre 1877, quelques jours avant que M. Pictet de Genève liquéfiât ces gaz par un autre procédé.

Vous me pardonnerez d'avoir insisté sur ce sujet à cause de son importance et de l'intérêt qu'il présente ici, puisque par son origine, par ses développements et par son état présent il se rattache étroitement à l'histoire des savants de la Bourgogne.

L'Élasticité des solides est mise en jeu dans la flexion comme dans l'extension et la torsion. Mariotte a étudié plusieurs phénomènes qui résultent de la réaction élastique, il a fait plusieurs expériences pour déterminer la limite d'élasticité et la résistance à la rupture des solides par extension et par flexion (1); il a eu même le mérite de rectifier sur ce point une proposition de Galilée (2).

---

(1) *Traité du mouvement des eaux*, pages 460 et suiv., tome II. Edition de La Haye.

(2) A cet ordre d'études se rapportent plusieurs travaux importants de Navier (Claude-Marie-Louis-Henri), descendant d'une ancienne fa-

La communication du mouvement par le choc est un fait si fréquent et si important « qu'il est presque honteux à la philosophie », dit Fontenelle, « de s'être avisée si tard de s'en occuper ». La question étudiée par Descartes fut résolue à peu près simultanément par Wrenn, Wallis et Huyghens; mais c'est à Mariotte que revient l'honneur d'avoir démontré expérimentalement les lois du choc à l'aide d'un appareil pendulaire très simple que l'abbé Nollet perfectionna plus tard. Il établit ainsi que dans le choc des corps mous ou plastiques il y a conservation de la quantité du mouvement et que dans les corps parfaitement élastiques la vitesse relative des deux corps est restée la même, mais a changé de sens. Ce qui revient à dire, comme on l'a formulé plus tard, que le choc des corps de cette catégorie se fait sans perte de forces vives.

A ces deux principes joignons le théorème de Carnot et nous aurons les lois fondamentales qui régissent le choc des corps solides.

C'est dans son essai sur les machines que votre célèbre compatriote Lazare Carnot démontra, en 1783, que dans le choc des corps plus ou moins mous

mille bourguignonne, né à Dijon le 15 février 1785, mort à Paris le 23 août 1836. Par ses mémoires sur la flexion des lames élastiques (1819) et sur les lois de l'équilibre et des mouvements des corps solides élastiques (1827), le savant ingénieur a fait faire de grands progrès à la théorie de l'élasticité. Il a aussi beaucoup contribué à l'avancement de l'hydraulique grâce à ses recherches sur les lois des mouvements des fluides (1826), et sur l'écoulement des fluides élastiques dans les tuyaux de conduite (1830). — M. Mocquery, ingénieur en chef des Ponts-et-Chaussées du département de la Côte-d'Or, membre de l'Académie des Sciences, Arts et Belles-Lettres de Dijon, vient de communiquer à cette compagnie une très intéressante notice sur Navier, qui sera bientôt publiée.

la perte des forces vives est égale à la somme des forces vives qu'auraient les corps du système si chacun d'eux possédait la vitesse qu'il a gagnée ou perdue.

Lazare Carnot ne peut être oublié ici. Un an après la publication de l'*Essai sur les machines* il devenait lauréat de votre académie. Le sujet proposé pour le concours était l'éloge de Vauban. Il lut son œuvre dans une séance solennelle au milieu des applaudissements dont le prince de Condé, gouverneur de la Bourgogne, et le prince Henri de Prusse, en ce moment son hôte, donnaient le signal. Il reçut leurs chaleureuses félicitations auxquelles s'ajoutèrent les compliments plus flatteurs encore du grand naturaliste bourguignon, de Buffon, qui jouissait alors dans sa belle vieillesse de tout l'éclat de sa gloire de savant et d'écrivain.

Carnot était capitaine dans l'arme du génie et il ne devait acquérir que quelques années plus tard sa grande renommée dans l'organisation de la défense de la patrie.

Vous savez avec quel honneur les descendants de cette famille bourguignonne ont porté le nom illustré par Lazare Carnot et se sont acquis de nouveaux titres à la reconnaissance de notre pays. Comment passer ici sous silence, pour ne parler que des services rendus aux sciences physiques, le mémoire à jamais célèbre publié en 1824 par Sadi Carnot ?

III

Avant *les Réflexions sur la puissance motrice du feu et sur les machines propres à développer cette puissance,* on savait que, dans les machines hydrauliques les plus parfaites, le travail utile ne peut dépasser le travail moteur calculé en multipliant le poids de l'eau employée par la hauteur de chute. Mais on ne connaissait aucune relation entre la quantité de chaleur dépensée dans une machine à vapeur et le travail qu'elle peut produire. Sadi Carnot considère l'abaissement de la température dans la machine à vapeur comme comparable à la chute de l'eau dans le moteur hydraulique et la quantité de chaleur dépensée est à ses yeux analogue au poids du liquide qui tombe. Sa machine thermique parfaite doit fonctionner suivant des conditions figurées par le cycle qui porte justement son nom, et alors il dit que « la puissance motrice de la cha-« leur est indépendante des agents mis en œuvre « pour la réaliser; sa quantité est fixée unique-« ment par la température des corps entre lesquels « se fait, en dernier résultat, le transport du ca-« lorique » (1).

C'est là l'un des principes fondamentaux de la théorie mécanique de la chaleur auquel parvint Sadi Carnot en se plaçant dans l'hypothèse de la

---

(1) *Réflexions sur la puissance motrice du feu...* page 20. Edition de 1878. — Paris, Gauthier-Villars, éditeur.

matérialité du calorique, alors généralement acceptée, et en s'appuyant sur l'impossibilité du mouvement perpétuel.

Sadi Carnot, qui en sortant de l'école polytech-
nique était entré, comme son père, dans le corps
du génie, avait alors 28 ans. Mais absorbé de plus
en plus par ses méditations scientifiques, désireux
d'approfondir les idées qu'il venait d'exposer, de
les soumettre au contrôle de l'expérience, de compléter pour cela ses connaissances techniques, il se
décida, après quelques hésitations et quelques ater-
moiements, à renoncer à la carrière militaire et à se
fixer à Paris (1828).

Dès lors tout entier à ses études, il suivit les cours
de physique et de chimie, se lia particulièrement
avec Clément, professeur de chimie industrielle au
Conservatoire des arts et métiers, dont il avait mis
à profit les travaux dans son mémoire et qui lui
avait même communiqué d'importantes recherches
encore inédites. Il reconnut bientôt les lacunes et
les imperfections que présentait l'ensemble des
expériences relatives aux propriétés des gaz et des
vapeurs. Il se mit résolument à l'œuvre et il était
occupé à dresser de nouvelles tables des tensions
des vapeurs, quand après une maladie violente dont
il se relevait lentement, il fut enlevé en quelques
heures par une attaque de choléra le 24 août 1832.

Sadi Carnot n'avait rien publié depuis son mémoire de 1824; mais il avait consigné dans ses notes
les idées nouvelles dont il voulait vérifier les conclusions par l'expérience. Ses papiers recueillis
par son frère Hippolyte Carnot ont été déposés dans

les archives de l'institut le 16 décembre 1878, et
certains fragments inédits ont été joints à la nouvelle édition des *Réflexions sur la puissance motrice
du feu*. Nous y lisons entre autres passages remarquables les lignes suivantes :

« La chaleur n'est autre chose qu'une puissance
« motrice ou plutôt que le mouvement qui a
« changé de forme. C'est un mouvement dans les
« particules des corps. Partout où il y a destruc-
« tion de puissance motrice, il y a en même
« temps production de chaleur en quantité préci-
« sément proportionnelle à la quantité de puis-
« sance motrice détruite : réciproquement partout
« où il y a destruction de chaleur, il y a produc-
« tion de puissance motrice (1).

Sadi Carnot avait donc dégagé de ses nouvelles
études le principe de l'équivalence et l'exposait en
des termes peu différents de ceux qui servent à le
formuler aujourd'hui : *A un travail détruit corres-
pond une quantité constante de chaleur dégagée et
réciproquement*. On peut donc à bon droit dire
que si Sadi Carnot n'était pas mort prématuré-
ment, la thermo-dynamique lui aurait dû ses deux
principes fondamentaux et eût été une science d'o-
rigine exclusivement française.

Clément, dont j'ai cité le nom, était aussi un
Bourguignon. Né à Dijon il avait quitté de bonne
heure sa ville natale et était devenu clerc de no-
taire à Paris chez un de ses oncles. Mais entraîné
par son goût pour les sciences, il renonça bientôt

_____

(1) *Réflexions sur la puissance motrice du feu.* — Édition de 1878.
— Extrait de notes inédites, page 94.

à la carrière dans laquelle il s'était engagé et se
mit à étudier la physique et la chimie, encouragé et
soutenu par de Mongolfier et Guyton de Morveau,
son compatriote. Après avoir publié de nombreux
mémoires très appréciés sur des sujets très divers
il obtint la chaire de chimie, industrielle au conservatoire des arts et métiers et mourut à Paris en
1842.

Beaucoup de ses travaux disséminés dans différents recueils se rapportent à la chimie appliquée.
En les lisant on voit que Clément n'avait pas oublié son pays d'origine et qu'il y revenait de temps
en temps. C'est ainsi que, dans une lettre datée de
Chalon-sur-Saône le 10 octobre 1823, il fait part à
l'Académie des sciences de Paris des recherches
de son ami M. Minard, ingénieur du canal du Cen-
tre, « qui a trouvé dans le département de Saône-
« et-Loire plusieurs carrières de pierre calcaire
« qui donnent du ciment romain aussi bon que celui
« d'Angleterre (1) ».

Il publie un peu plus tard une note sur des lingots
de cuivre obtenus par la voie humide. « Je dois
cette observation, » dit-il, « à M. Mollerat qui me
« l'a communiquée dernièrement lors d'une visite
« que je lui ai faite dans sa belle manufacture de
« vinaigre de bois en Bourgogne (2) ».

Mais pour rester dans le cadre que je me suis
tracé je ne parlerai ici que des recherches de physique qui ont fourni des matériaux pour la théorie

---

(1) *Annales de Chimie*, tome XXIV, page 104, 2ᵉ série.
(2) *Annales de Chimie*, 2ᵉ série, tome XXVIII, page 440.

mécanique de la chaleur. Sadi Carnot a invoqué dans l'exposé de ses idées nouvelles les expériences de Clément et Désormes relatives à la quantité de chaleur absorbée par la vapeur d'eau formée sous diverses pressions.

Il s'est appuyé aussi sur « le principe, véritable « fondement de la théorie des machines à vapeur, « développé avec beaucoup de clarté par M. Clé- « ment », dit Sadi Carnot « c'est que le caractère « d'une bonne machine à vapeur doit être non seu- « lement d'employer la vapeur sous une forte pres- « sion, mais de l'employer sous des pressions suc- « cessives progressivement décroissantes (1) ».

Il a su tirer surtout des arguments importants en faveur de ses idées si neuves et si fécondes du mémoire de Clément et Désormes publié dans le *Journal de physique* en 1819 (2). C'est là qu'on trouve la description, reproduite depuis dans tous les traités, de l'expérience de Clément et Désormes sur la chaleur développée par la rentrée de l'air dans un récipient où se trouve déjà de l'air un peu raréfié. A l'aide de dispositions très simples on mesure la quantité de chaleur dégagée dans cette opération, en supposant que cette chaleur est exclusivement employée à échauffer la masse du gaz. Sans doute cette hypothèse n'est pas exactement réalisée et les résultats obtenus ne pouvaient être qu'approchés. Gay-Lussac et Welter, Masson, Cazin et plus récemment Röntgen ont successive-

(1) *Réflexions sur la puissance motrice du feu.* Edition de 1878, pages 54 et 55.

(2) *Journal de physique*, tome LXXXIX. (Nov. 1819).

ment modifié les conditions expérimentales et atté-
nué ou fait disparaître les erreurs commises dans
ce premier essai. Mais la méthode est vraiment in-
génieuse et fournit des résultats de la plus grande
importance.

C'est en effet de là que Laplace a déduit le rapport de la chaleur spécifique de l'air sous pression constante à la chaleur spécifique sous volume
constant ; c'est là qu'il a trouvé un moyen de con-
trôler sa formule relative à la vitesse du son dans
l'air. C'est enfin de la différence des deux chaleurs
spécifiques que Tobie Mayer d'Heïlbronn a tiré en
1842 la première valeur numérique de l'équivalent
mécanique de la chaleur. Il a estimé que pour
échauffer d'un degré la masse d'un kilogramme
d'eau, il faudrait tout le travail dépensé à élever
1 kilogramme à 367 mètres de hauteur, si ce travail
était intégralement converti en chaleur. Bien avant
Mayer, Sadi Carnot avait déduit des expériences de
Clément et d'un calcul fait par Poisson la valeur
de 370 kilogrammètres, qui diffère peu de la pré-
cédente (1).

Malgré les travaux accomplis depuis par Joule
de Manchester et par plusieurs autres savants,
cette donnée numérique si importante n'est point
encore définitivement fixée ; on peut affirmer seulement qu'elle est comprise entre 325 et 335 kilogrammètres.

(1) *Réflexions sur la puissance motrice du feu*, édition déjà citée.
— *Notice sur Sadi Carnot*, page 69 et *notes inédites*, page 95.

IV

Si la théorie mécanique de la chaleur de date si
récente a pris un rapide essor, si elle a permis d'é-
tablir une connexion étroite entre des faits isolés
et fourni de précieux matériaux pour la synthèse
élevée qu'entrevoit la science contemporaine, d'autres branches de la physique aussi anciennes que
les sociétés ont progressé avec une très grande lenteur. Telle est l'étude des mouvements des eaux
dont se sont occupés les Egyptiens, les Grecs et les
Romains, comme les modernes, par suite de son
utilité pratique. Mais il n'y a aucune relation entre
l'utilité d'une science et la simplicité ou la multi-
plicité des principes sur lesquels elle s'appuie.
L'hydrostatique se déduit tout entière du principe de Pascal. Dans l'hydraulique il faut tenir
compte d'une série de circonstances qui modi-
fient les phénomènes. Aussi les travaux ont suc-
cédé aux travaux. Mariotte a fait beaucoup d'expériences sur ce sujet et, autant qu'on peut en
juger par le peu qu'on sait de ce savant physicien,
il semble que c'est son œuvre de prédilection, son
testament scientifique. « Dans les premiers jours
« de la maladie dont il mourut », dit La Hire,
« M. Mariotte me pria de vouloir bien prendre le
« soin de l'impression de ce traité (1). »
Mariotte s'était appliqué depuis plusieurs années

(1) Préface de M. de La Hire, page 322, tome II, édition de La
Haye.

à faire avec un soin extraordinaire un très grand
nombre d'expériences sur les liquides, plusieurs
furent exécutées à l'observatoire de Paris « en pré-
« sence de MM. de l'Académie, dit encore La
« Hire », et il eut occasion d'en faire plusieurs
« autres à Chantilly en présence de S. A. S.
« Mgr le Prince, où l'abondance de l'eau et la hau-
« teur des réservoirs lui fournissaient tous les
« moyens nécessaires (1) ».

Ce traité publié en 1690, six ans après la mort
de l'auteur, contient sans doute des observations
curieuses, des expériences originales, qui, intéressent non seulement l'hydraulique, mais encore
plusieurs autres branches de la physique ; toutefois
on ne peut méconnaître que les progrès accomplis
lui ont fait perdre beaucoup de sa valeur. Lorsque
Condorcet fit l'éloge de Mariotte, il avait à admirer
les travaux de d'Alembert sur la dynamique des
fluides et les qualifiait de sublimes sans craindre de
blesser la modestie de son confrère, il avait à ap-
précier les belles expériences de Bossut. Aussi
« ceux qui voudraient juger, dit-il, combien les pas
« que la géométrie a fait faire à la physique ont été
« rapides n'auront qu'à comparer le traité du *Mou-*
« *vement des eaux* de Mariotte avec l'hydro-dyna-
« mique de l'abbé Bossut (2) ».

Condorcet prenait lui-même un vif intérêt à ces
études et c'est pour donner satisfaction à ses désirs
et à ceux de d'Alembert que Turgot avait fondé en

---

(1) Préface de M. de La Hire, p. 322, tome II, édition de La Haye.
(2) *Eloge de Mariotte*, page 27, tome II des œuvres de Condorcet.
Edition de 1842.

1775, lors de son passage au ministère, un cours d'hydraulique, qui se faisait au Louvre. En 1780 Monge en fut chargé.

Monge, né à Beaune en 1746, avait alors 34 ans. Elève des Oratoriens de sa ville natale, il avait fait en peu de temps de merveilleux progrès. Aussi était-il chargé, à l'âge de 16 ans, d'enseigner la physique au collège que les prêtres de cette congrégation avaient à Lyon. Admis plus tard à la succursale de l'école du génie de Mézières créée pour former des conducteurs de travaux et des appareilleurs, il dut à son mérite d'être nommé répétiteur des cours que suivaient les élèves officiers. Il remplaça l'abbé Bossut comme professeur de mathématiques en 1768 et, à la mort de l'abbé Nollet, il fut en outre chargé de l'enseignement de la physique. C'était en 1771, l'année même où il accueillait à Mézières son jeune compatriote Lazare Carnot, qui venait d'être nommé lieutenant du génie. Ces détails étaient nécessaires pour comprendre comment Monge, qui a été surtout un géomètre, était prêt à enseigner l'hydraulique.

L'ancien répétiteur des cours de Bossut fit au Louvre des leçons qui eurent un grand succès et charmèrent ses auditeurs. Dans des entretiens familiers, il donnait souvent des conseils et des instructions supplémentaires à ses premiers disciples : de ce nombre était de Prony, qui devait plus tard acquérir une si grande renommée par ses travaux sur l'hydraulique. De Prony qui est né dans le Beaujolais, aux confins de l'ancien gouvernement de Bourgogne, qui était le fils d'un conseiller au parlement de Dombes, qui fit ses études au collège de Toissey-en-Dombes, qui a été l'élève et l'ami de Monge, qui pour toutes ces raisons vous appartient un peu, fixa les règles qui ont été suivies pendant plus d'un demi-siècle dans toutes les questions relatives aux tuyaux de conduite, aux canaux et aux cours d'eau. Les travaux de vos deux savants confrères Henry Darcy et M. Bazin devaient leur faire substituer des formules plus précises.

Je n'ai point à faire ici l'éloge d'Henry Darcy, qui a rendu avec le plus complet désintéressement les plus signalés services à sa ville natale : il l'a dotée d'un service d'eaux potables abondantes et parfaitement aménagées. Surmontant bien des difficultés, il a fait définitivement adopter le tracé par Dijon du chemin de fer de Paris à la Méditerranée qui est aujourd'hui l'une des voies les plus fréquentées du globe, qui est, depuis l'ouverture du canal de Suez, la route obligée pour les transports rapides entre Paris et Londres et tout l'Orient.

L'établissement des fontaines de Dijon soulevait un grand nombre de problèmes délicats. Darcy, pour les résoudre, employa avec une rare sagacité la méthode expérimentale. Le savant ingénieur d'Aubuisson de Voisin avait réussi à donner des eaux alimentaires à la ville de Toulouse en construisant sur les bords de la Garonne de longues galeries à un niveau inférieur au plan d'eau du fleuve. Cette installation, faite de 1821 à 1827, avait donné d'excellents résultats et avait été déjà imitée dans plusieurs villes assises sur les bords d'un grand cours d'eau. Henry Darcy examine dans son ouvrage *les Fontaines publiques de Dijon*, en quelques pages remarquables par leur netteté, leur concision et leur importance, les questions relatives aux galeries filtrantes : il expose ensuite ses recherches expérimentales sur la filtration faites en 1855 à l'hôpital de Dijon, avec la collaboration de M. Charles Ritter, et il en tire les conclusions, avec une réserve qu'on n'a pas souvent imitée : « il paraît donc, dit-il, que pour un sable de même nature on peut admettre que le volume débité est proportionnel à la charge, et en raison inverse de l'épaisseur ».

Darcy reconnut en s'occupant de la distribution des eaux à Dijon l'insuffisance des formules de Prony pour la détermination du débit fourni par les tuyaux de conduite. Il eut dès lors la pensée d'entreprendre à la première occasion favorable des recherches sur ce point et il le fit, dès qu'il fut chargé du service des eaux de Paris et qu'il put mettre à profit les ressources du grand établissement de Chaillot. Le résultat de cette étude a été publié sous le titre de *Recherches expérimentales relatives au mouvement de l'eau dans les tuyaux*. Ce travail, communiqué à l'Académie des Sciences en 1854, a été publié en 1858 dans le tome XV des *Mémoires des Savants étrangers*. C'est là qu'on trouve les connaissances les plus précises que nous ayons encore sur cette importante question. Je ne vous en donnerai pas ici une analyse. Un des vôtres, M. Girard de Codemberg, en a exposé nettement les principaux résultats dans sa *Notice sur Henry*

Darcy. Il a aussi indiqué avec précision à quel point était parvenue l'étude sur l'écoulement de l'eau dans les canaux découverts quand la mort de votre confrère [survenue dans les premiers jours de l'année 1858] laissa à son collaborateur, M. Bazin, la tâche difficile de poursuivre l'œuvre commune.

Vous savez, Messieurs, avec quelle habileté dans l'expérimentation, avec quelle sûreté dans l'interprétation mathématique des phénomènes, votre confrère a conduit ces recherches. Un avancement prévu l'a depuis peu éloigné de vous ; il n'est plus là pour nous empêcher avec sa rare modestie de parler de lui et de nous féliciter hautement de la renommée qui s'attache à ses travaux accomplis aux portes de Dijon, dans la rigole du canal de Bourgogne. Qu'il s'agisse des applications pratiques ou des discussions théoriques sur ce difficile sujet, c'est toujours à l'autorité de Darcy ou de M. Bazin qu'il faut recourir, ce sont les mémoires de vos savants confrères qui sont rappelés. Aussi dans les écrits de nos plus distingués hydrauliciens, de feu de Saint-Venant, de M. Boussinescq, on retrouve à chaque page quelques-uns des résultats obtenus par les deux ingénieurs dijonnais. A l'heure actuelle leurs œuvres contiennent le dernier mot de nos connaissances sur la plupart des problèmes de l'hydraulique expérimentale.

V

Les travaux de Galilée et de Kepler au commencement du XVIIᵉ siècle et surtout les découvertes

de Descartes, qu'il accompagna de tant d'hypothèses hardies, avaient transformé l'optique. Grimaldi
venait de publier son curieux ouvrage : *Physico-
mathesis de lumine, coloribus et iride*, quand Mariotte entreprit sur le même sujet de patientes
études. Elles ont été publiées dans son *Traité des
couleurs*, après que Newton avait fait connaître
une théorie nouvelle ; elles ont perdu à ce rappro-
chement beaucoup de leur valeur et ont été presque condamnées à l'oubli par les brillantes découvertes de Newton sur l'analyse et la synthèse de la
lumière blanche. Il y a là pourtant des expériences
originales, antérieures à celles du grand physicien
anglais ; et Condorcet me paraît avoir jugé trop
sévèrement cette partie de l'œuvre scientifique du
physicien bourguignon (1). Celui-ci essaya de re-
produire une des expériences fondamentales de
Newton sans en connaître exactement les conditions, indiquées d'une façon trop discrète. Il ne
réussit pas à obtenir un spectre pur, crut trouver
en défaut la théorie nouvelle et publia dès lors le
résultat de ses longues recherches.

Un mérite qu'on ne peut contester à Mariotte,
c'est d'avoir constaté le premier que la rétine est
insensible à l'action de la lumière, dans une région
qu'on désigne sous le nom de *Punctum Cœcum* :
Quand on place un petit objet de manière que
son image vienne se peindre sur la rétine à 5 millimètres de l'axe de l'œil et du côté interne, on

(1) Œuvres de Condorcet, tome II. *Eloge de Mariotte*, pages 29
et 30.

trouve en s'éloignant plus ou moins de l'objet une position pour laquelle cet objet disparaît. On dit que, sur les indications du savant abbé, le roi d'Angleterre Charles II et ses courtisans avaient appris à se voir les uns les autres sans tête, en se regardant avec un œil, à une distance convenablement choisie, ce qui constituait un divertissement assez lugubre à la cour du fils de Charles Ier. Mariotte varia de diverses façons les expériences pour constater les régions insensibles de la rétine, comme il l'expose dans une lettre à Pecquet, écrite de Dijon en 1668.

L'explication du phénomène de l'arc-en-ciel, que tant d'hommes ont cherchée, avait été déjà donnée par Descartes d'une façon satisfaisante, mais encore incomplète. Mariotte a repris la question en appliquant la méthode expérimentale. Avec le concours de La Hire, il détermina, à l'aide d'une petite fiole sphérique pleine d'eau, les déviations des rayons qui forment le 1er et le 2e arc, et constata même que ces déviations varient avec la température du liquide.

. Votre savant confrère, qui a occupé avec tant de distinction la chaire de physique à la faculté des Sciences, M. Billet, a décrit dans vos *Mémoires* ses expériences sur le même sujet, mais profitant des progrès accomplis dans la construction des instruments et apportant à cette étude l'art d'un expérimentateur très habile, il a pu observer d'abord les 17 premiers arcs-en-ciel et ensuite les 19 premiers et mesurer les déviations correspondantes. Mariotte n'a pas expliqué d'une façon satisfaisante les cer-

cles irisés ou petites couronnes que l'on observe
parfois autour du soleil et de la lune et même autour des lumières artificielles ; c'est un phénomène
de diffraction, dont la théorie n'a été faite que de
nos jours par Frauenhofer et a été complétée par
mon cher ancien maître Verdet. Mais le physicien dijonnais avait mesuré les diamètres de ces
auréoles colorées et reconnu leurs variations dans
des limites assez étendues.

Dans l'étude des grandes couronnes ou Halos, il
fut plus heureux et trouva l'explication du cercle
intérieur de 22° qui est dû à la réfraction de la lumière à travers d'innombrables aiguilles de glace
formant les nuages élevés connus sous le nom de
Stratus et de *Cirrus*. Ces aiguilles ont la forme de
prismes réguliers à 6 pans qui dévient les rayons
d'un angle de 22° autour de leur axe. Mariotte rat-
tacha aussi à la présence de ces cristaux la théorie
des *parhélies* ou faux soleils et des cercles parhé-
liques.

Buffon avait de bonne heure révélé le vif attrait
qu'avaient pour lui les Sciences physiques et les
Sciences naturelles en donnant presque simultanément la traduction d'un traité du botaniste anglais
Hall et de certaines œuvres de Newton. Ses premières recherches furent des travaux d'optique :
il fit construire un miroir ardent composé d'une
centaine de miroirs plans en verre étamé, dont la
surface totale était de près de 3 mètres carrés. On
en pouvait changer la direction pour faire conver-
ger en une même région la lumière réfléchie par
chacun d'eux. Il put ainsi fondre de l'étain à 50 mè-

tres de distance et de l'argent à 35 mètres, et en-
flammer du bois à plus de 200 mètres. Archimède
à Syracuse et Anthémius à Constantinople n'avaient
très probablement pas atteint de pareils résultats.
Buffon imagina aussi une lentille à échelons qui ne
fut réalisée que 30 ans après par l'abbé Rochon.
Mais bientôt ses fonctions d'intendant du Jardin
du Roy devaient concentrer son attention sur l'étude
des sciences naturelles, qui l'ont rendu à jamais
célèbre.

Monge n'a pu avec son puissant esprit enseigner
longtemps la physique sans y laisser sa trace. Aussi,
quoiqu'il n'ait pas publié de traité d'optique, con-
naît-on de lui quelques belles expériences, entre
autres celle qui est relative au croisement des deux
rayons lumineux à travers une lame de Spath d'Is-
lande : tout le monde sait aussi comment dans l'ex-
pédition d'Egypte, Monge donna du mirage une
explication élémentaire, qui a été complétée depuis
par Bravais.

La photographie est certainement une des plus
belles découvertes de notre siècle. Qui ne lui doit
des jouissances délicates ? Qui à la vue de ses pe-
tits tableaux n'a ravivé d'agréables souvenirs,
examiné avec émotion le musée de la famille, se-
rait-il réduit à un petit album ou à quelques por-
traits dans des cadres modestes ? Et pourtant qui
se rappelle avec reconnaissance, même ici, le nom
du chercheur bourguignon qui, dans sa propriété des bords de la Saône, aux portes de Chalon, a travaillé pendant vingt ans à fixer les images
par une réaction chimique due à la lumière ? C'est

à Joseph-Nicéphore Niepce, né en 1765 à Chalon-sur-Saône, que l'on doit, sans conteste, les premières découvertes d'où est sortie la photographie. Niepce n'était point un savant, mais un curieux des choses de la science, pourvu de la sagacité et de la patience qui font les inventeurs. D'abord soldat, puis fonctionnaire, il se retira ensuite dans sa propriété près de Chalon et commença un peu tard ses recherches. En 1806 il construisit, en collaboration avec son frère Claude Niepce, un appareil désigné sous le nom de pyreolophore dans lequel, comme plus tard dans la machine d'Ericson, l'air chaud était substitué à la vapeur d'eau pour la production des actions mécaniques. Cette invention, communiquée à l'Institut, fut l'objet d'un rapport favorable de Berthollet et de Carnot. Après bien d'autres essais Niepce tourna son attention vers la lithographie, qui était alors de découverte récente, et c'est ainsi qu'il fut amené à tenter la reproduction des gravures par l'action de la lumière.

On savait depuis longtemps que le bitume de Judée exposé aux rayons du soleil perd sa teinte noir-foncé pour prendre des tons grisâtres, c'est cette propriété qu'il mit à profit. Il étalait à l'aide d'un tampon sur une lame d'étain une couche de bitume de Judée, il appliquait au-dessus une gravure qu'il avait rendue translucide en la vernissant du côté du verso. Les rayons lumineux tamisés à travers les parties blanches du dessin allaient donner un ton clair aux régions correspondantes de la couche de bitume, tandis que celles qui étaient préservées par les noirs du dessin gardaient leur teinte sombre primitive. Par l'immersion dans un bain formé par un dissolvant tel que l'essence de lavande, on enlevait ensuite la couche de bitume sur les points où elle n'avait pas été altérée, mais les parties modifiées par la lumière n'étaient plus solubles et étaient épargnées. L'épreuve ainsi fixée fournissait une sorte de décalque qui constituerait aujourd'hui un positif.

Il y avait à appliquer le procédé à la reproduction des images obtenues dans la chambre obscure. Niepce y a travaillé fort longtemps; à la couche de bitume il substitue un vernis formé par cette substance en dissolution dans l'essence de lavande, il dépose le vernis sur une lame de cuivre plaquée d'argent et dégage l'empreinte due « au fluide lu- « mineux qui s'est produite dans la chambre obs- « cure, mais qui n'est pas encore visible » par l'action d'un révélateur. C'était un dissolvant formé d'essence de lavande et d'huile blanche de pétrole. En plaçant la planche métallique dans une cuvette remplie de ce dissolvant et « en la re- gardant », dit Niepce (1), « sous un certain angle, « dans un faux jour, on voit l'empreinte appa- « raître et se découvrir peu à peu, quoique encore « voilée par l'huile qui surnage plus ou moins sa- « turée de vernis. » Mais la lumière qui vient former l'image sur l'écran placé dans la chambre obscure est de la lumière solaire très affaiblie par la diffusion, elle n'altère plus le vernis bitumé qu'avec

---

(1) *Histoire des principales découvertes scientifiques modernes*, par Louis Figuier, tome III, 1858. — Notes et documents. *Notice sur l'héliographie*, par Niepce, pages 370 et 371.

une extrême lenteur et il fallait 10 ou 12 heures pour produire un dessin. La distribution des clairs et des ombres change pendant une aussi longue période.

Sans doute la méthode manquait de sensibilité, elle n'était ni rapide, ni facile mais elle existait et elle était perfectible. Niepce y ajouta presque immédiatement un complément important : après avoir versé sur la plaque un acide convenablement dilué, il constate que le métal est attaqué là où le mélange d'huile de pétrole et d'essence de lavande a enlevé le vernis que la lumière n'avait pas altéré ; mais là où les rayons lumineux ont frappé, le vernis devenu insoluble protège encore le métal. On obtient ainsi des planches dont le soleil, par l'intermédiaire de réactifs chimiques, a produit la gravure et dont on peut faire des tirages à la manière ordinaire. C'est le procédé que Niepce a désigné sous le nom d'*Héliographie*.

L'inventeur chalonnais effectuait donc déjà toutes les opérations essentielles de la photographie ; application sur une plaque d'une couche sensible, exposition à la lumière dans la chambre obscure, révélation et fixation des images, lavage et séchage des clichés, production des positifs à l'aide de ces clichés.

Ces résultats étaient acquis dès l'année 1826. Des circonstances fortuites mirent alors Niepce en relation avec le peintre Daguerre, à qui l'invention du diorama avait valu une certaine notoriété et qui venait de perfectionner la chambre obscure. Après un assez long échange de correspondances, Daguerre

vint à Chalon proposer à Niepce un traité d'association pour travailler avec lui « à perfectionner
« son procédé et à retirer en commun tous les
« avantages possibles du nouveau genre d'indus-
« trie » (1).

Le traité signé à Chalon, le 14 décembre 1829,
établit nettement les apports respectifs des deux
associés : « M. Niepce met et abandonne à la so-
« ciété, à titre de mise, son invention représen-
« tant la valeur de la moitié des produits dont elle
« sera susceptible, et M. Daguerre y apporte une
« nouvelle combinaison de chambre noire, ses ta-
« lents et son industrie équivalant à la moitié des
« susdits produits » (2).

Daguerre, une fois initié aux secrets de Niepce,
travailla avec ardeur à perfectionner les procédés.
Il découvrit, en mai 1831, « les propriétés de la
« lumière sur l'iode mis en contact avec l'argent » (3).
Mais il n'avait pas encore trouvé le moyen de ré-
véler l'image ainsi produite à l'aide des vapeurs de
mercure, quand Niepce mourut le 5 juillet 1833,
à l'âge de soixante-huit ans. Il avait dépensé la
plus grande partie de son patrimoine dans des
essais qui ne lui avaient rapporté ni profit, ni honneur.

Il était juste qu'après la brillante découverte du
daguerréotype, qui valut immédiatement à son au-

---

(1) *Histoire des découvertes*, par Figuier, déjà cité. Notes et documents, note III. *Traité d'association entre Niepce et Daguerre*,
page 379.

(2) Ibidem, page 380.

(3) *Œuvres complètes d'Arago*, tome VII. *Notice sur le Daguerréotype. Explications données par Daguerre à Arago*, page 508.

teur une immense réputation, le nom de Niepce
fût associé par les pouvoirs publics à celui de Daguerre. Une pension viagère de 4000 fr. fut votée
à l'héritier de Niepce en même temps qu'une pension de 6000 fr. était accordée à Daguerre. C'était,
comme l'a exposé Arago dans son rapport lu à la
chambre des députés le 3 juillet 1839, pour récom-
penser les inventeurs de cette belle découverte
« qui était ainsi mise à la disposition de tous et
« dont la France dotait noblement le monde en-
« tier » (1).

Les Chalonnais ont aussi rempli un devoir de
patriotique reconnaissance en érigeant à Niepce
une belle statue sur les bords de la Saône.

Les progrès accomplis dans la branche de la
science, dont Niepce a été l'initiateur, sont merveilleux. Il ne faut plus de longues heures d'exposition devant l'objectif de la chambre obscure comme
dans les premiers essais. Le quart d'heure exigé
d'abord dans la méthode daguerrienne a été ensuite
réduit à quelques secondes, mais on n'a plus besoin
de poser, le revolver photographique saisit le cheval dans sa course rapide, l'oiseau dans son vol,
et c'est à l'aide des épreuves instantanées qu'on a
décomposé en temps le battement des ailes, qu'on
a analysé les mouvements que l'œil ne peut saisir.

Le progrès ne s'arrête pas. Il y a quelques mois
M. Lippmann montrait à ses collègues de l'Institut
les couleurs du spectre solaire fixées sur ses clichés
et il en donnait une explication qui est aussi nette

(1) *Œuvres d'Arago*, ibidem, pages 458 et 459.

que son expérience est brillante (1). Dans cet ordre
de recherches le savant professeur de la Sorbonne
a eu bien des devanciers, entre autres Niepce de
Saint-Victor, neveu de l'inventeur de Chalon, à qui
l'on doit de bons travaux, et M. Edmond Becque-
rel. Ce savant distingué avait obtenu il y a longtemps des épreuves daguerriennes ou photographi-
ques où étaient reproduites les couleurs ; mais
celles-ci étaient fugitives et disparaissaient peu à
peu sous l'influence de la lumière diffuse. Joseph-
Nicéphore Niepce avait déjà fait bien avant eux
quelques observations sur le même sujet et il avait
émis des hypothèses qui étaient dans la voie où
M. Lippmann a trouvé la solution.

Après avoir fait quelques essais sur verre,
Niepce dit à propos d'une de ses épreuves : « Si
« l'empreinte est vue par *réflexion* dans un miroir
« du côté verni et sous un angle déterminé, elle
« produit beaucoup d'effet, tandis que vue par
« *transmission* elle ne présente qu'une image con-
« fuse et incolore ; et, ce qu'il y a d'étonnant, c'est
« qu'elle parait affecter les couleurs locales de
« certains objets. En méditant sur ce fait remar-
« quable j'ai cru pouvoir en tirer des inductions
« qui permettraient de le rattacher à la théorie
« de Newton sur le phénomène des anneaux colo-
« rés. Il suffirait pour cela de supposer que tel
« rayon du prisme, le rayon vert, par exemple, en
« agissant sur la substance du vernis et en se com-

---

(1) *La photographie des couleurs*, communications de **M.** Lippmann
à l'Institut. *Comptes rendus de l'Académie des sciences*, tome CXII,
page 274.

« binant avec elle, lui donne le degré de solubilité
« nécessaire pour que la couche qui en résulte,
« après la double opération du dissolvant et du
« lavage, réfléchisse la couleur verte (1). »

Substituons à l'hypothèse des accès de Newton la
théorie des interférences des rayons de lumière
développée par Youny et surtout par Fresnel (2),
qui était alors récente et qui n'était pas encore
connue à Chalon ; au lieu d'attribuer à des fluides les
effets calorifiques et lumineux, admettons des mouvements vibratoires de l'éther ; nous traduirons
alors les lignes précédentes en un langage qui nous
permettra de mieux comprendre la part de vérité
saisie dès cette époque, dans cette question délicate,
par l'inventeur bourguignon.

J'ai rapproché tout à l'heure du travail de Mariotte sur l'arc-en-ciel les beaux mémoires sur le
même sujet de mon savant prédécesseur à la faculté, mais vous savez, Messieurs, que M. Billet ne
s'en est pas tenu là, il a poursuivi pendant 36 ans
des recherches qui ont surtout porté sur l'optique.
Il connaissait à fond cette branche de la physique
si merveilleusement développée par le génie de Fresnel. Il a su y faire d'intéressantes investigations,
éclaircir quelques points obscurs, vérifier certaines
lois, notamment celle de la double réfraction, par de

---

(1) *Histoire des découvertes*, par Figuier, tome III, Notes, *Mémoire
de Niepce sur son procédé héliographique*, page 373.

(2) Les travaux de Fresnel sur cette question sont à peu près contemporains de la note de Niepce. C'est en 1823 que l'éminent physicien français publia une note importante sur le phénomène des anneaux colorés, dans les *Annales de physique et de chimie*, 2ᵉ série,
tome XXIII.

nouvelles méthodes, imaginer de brillantes expériences, inventer des appareils. On lui en doit deux qui sont jugés partout indispensables dans l'étude de la haute optique : les demi-lentilles pour produire l'interférence des rayons lumineux et le compensateur des différences de marche. Il a laissé enfin, et c'est son œuvre capitale, un traité d'optique qui sera toujours un ouvrage précieux pour qui voudra approfondir la théorie des ondulations et faire une étude attentive des nombreux phénomènes qu'elle sert à expliquer.

VI

Après l'étude des diverses branches de la physique, de leurs procédés particuliers d'investigation, des résultats acquis, il y a à résoudre une question qui a toujours préoccupé les philosophes. Plusieurs d'entre eux ont donné libre carrière à leur imagination et créé de toute pièce des systèmes pour expliquer l'ensemble des phénomènes généraux qui constituent la physique du globe. Cette branche de la science est souvent désignée sous le nom de *météorologie,* quoique l'observation des météores n'en constitue qu'une partie. Dans cette étude l'expérience du laboratoire peut suggérer une explication, mais le physicien ne peut jamais opérer avec l'ampleur et dans les circonstances complexes que lui offre la nature, il devient un simple observateur comme l'astronome, mais il ne peut pas comme celui-ci compter souvent sur la périodicité, sur le retour à date fixe des phénomènes. Il y en a plusieurs qui déroutent toute prévision et offrent des manifestations très différentes en des points très voisins et à des instants très rapprochés.

De là des difficultés spéciales dans l'étude de la physique du globe. Il faut ici de nombreuses observations, faites d'après des règles bien établies et surtout bien suivies, ce qui ne s'obtient pas sans peine. Il est aussi très important que dans cette vaste enquête qui doit se poursuivre dans toutes les régions de notre globe les résultats acquis soient facilement connus, rapidement transmis à de grandes distances, groupés aisément. De nos jours les services maritimes, les voies ferrées et les télégraphes assurent ces avantages aux nations civilisées. Dès lors la météorologie a pu prendre un nouvel essor.

Les Américains des Etats-Unis ont été les premiers à centraliser les observations recueillies sur leur immense territoire. L'illustre astronome Leverrier a institué à Paris un bureau central météorologique d'abord annexé à l'Observatoire, dont il avait alors la direction. Mais un pareil service appelé à prendre une grande extension a eu bientôt besoin d'une organisation indépendante, qu'on lui a donnée en 1878, et il a pris dès lors de rapides développements sous l'habile direction de M. Mascart. Eh bien, Messieurs, cette organisation du service météorologique qui a été faite par l'état, qui vit sur son budget, qui a besoin du patronage de plusieurs ministères, qui met en mouvement notre diplomatie pour étendre au loin ses relations, cette organisation que notre centralisation si puissante, parfois excessive rendait relativement facile, Mariotte l'a conçue, l'a tentée.

Dans son *Traité de la nature de l'air* il dit à propos de la relation entre la direction des vents et la pression barométrique : « on pourrait mieux déter-
« miner ces choses, si on conférait ensemble plu-
« sieurs observations faites en même temps en des
« lieux *fort éloignés les uns des autres* ».

Pour commencer « il fait lui-même des expé-
« riences à Paris et on en fait sur ses indications
« à Loche, au Mont-de-Marsan et à Dijon (1).

Mais il ne s'en tient pas là :

« J'entrepris plusieurs fois, dit-il, d'avoir des
« correspondants pour ces observations. » (Il s'agit ici tout particulièrement des mouvements de l'atmosphère), « dans des étendues de sept ou huit
« cents lieues, en plusieurs endroits de l'Europe
« en même temps, comme depuis Paris jusqu'à
« Varsovie et vers les extrémités de l'Italie et de
« l'Espagne et depuis Londres jusqu'à Constan-
« tinople ; mais quoique plusieurs curieux à qui
« j'en avais parlé ou écrit l'eussent promis et que
« de mon côté je fisse exactement les miennes à
« Paris et ailleurs, je n'en ai pu avoir que fort peu
« de correspondantes dont je parlerai dans la
« suite (2) ».

---

(1) *Traité de la nature de l'air*, page 60, tome Ier de l'édition déjà citée.

(2) *Traité du mouvement des eaux*, 3e discours : *de l'origine et des causes des vents*, page 340, tome II.

Le savant abbé devait être bien convaincu de l'utilité de son œuvre pour compter sur la curiosité patiente et soutenue de tant de gens ainsi dispersés et dont il ne pouvait aisément et fréquemment stimuler le zèle à l'époque des coches et des courriers à cheval. Il obtint pourtant quelques bonnes collaborations : « J'ai connu de grandes diversités de « vents en même temps par les observations faites « à Varsovie en Pologne, par M. Desnoyers et à « Abordon en Ecosse, par M. Grégori (1), en les « comparant à celles que je faisais à Paris en « même temps ; car souvent les vents y sont diffé- « rents de ceux de Paris de la huitième partie de « la boussole comme si le vent est S.-O. à Paris il « est Ouest à Abordon, les vents sont souvent op- « posés à Paris et à Varsovie, étant un jour S.-O. « à Paris et N.-E. à Varsovie (2). »

En attendant des communications que la plupart de ses correspondants ne lui envoyèrent jamais il constata « les mutations des vents » dans notre pays et il reconnut que « lorsque les vents du N. « et du N.-E. cessent, l'E. règne souvent ensuite « et le sud et le S.-O. lui succèdent (3) ». C'est la loi qui porte aujourd'hui le nom de Loi de Dove sur la *giration des vents*, et on peut l'énoncer ainsi : dans notre hémisphère les vents tournent le plus souvent sur la boussole dans le sens des ai-

---

(1) Le correspondant de Mariotte était évidemment Grégori, le savant inventeur du télescope composé de deux miroirs sphériques concaves et d'une lentille oculaire, qui était à New-Aberdeen au N.-E. de l'Ecosse.

(2) *Etude du mouv. des eaux*, page 351, tome II.

(3) Ibid., *Discours de la nature de l'air*, page 160, tome Ier.

guilles d'une montre. Le savant physicien de Berlin l'a fait connaître en 1827 à la suite de nombreuses observations ; mais il avait été bien devancé par Mariotte. Reconnaissons toutefois avec Dove que chez les anciens on avait déjà signalé cet ordre de succession des vents comme plus fréquent que tout autre.

Votre savant compatriote a pu encore, à l'aide de sa loi que « la condensation de l'air se fait à « proportion du poids dont il est pressé », calculer pour la première fois la hauteur de l'atmosphère. Il détermina à plusieurs reprises avec Cassini et Picard l'ascension du mercure dans le baromètre, quand on passait de la terrasse de l'observatoire de Paris dans les caves profondes qui se trouvent au-dessous de cet édifice. Il compara ces données à celles que fournissait la célèbre expérience de Périer au Puy-de-Dôme et des observations plus récentes de Cassini dans une ascension sur une montagne de Provence. Appliquant ensuite une méthode de calcul très élémentaire, mais qui n'est pas tout à fait rigoureuse, il en tira la conclusion que l'épaisseur de la couche d'air doit être d'environ 15 lieues. Sans doute Mariotte n'a pas tenu compte de toutes les circonstances qui font varier la pression, comme Laplace l'a fait plus tard dans sa formule, mais il a obtenu un résultat assez approché, conforme à celui qu'a fourni l'étude de la réfraction atmosphérique et de l'arc crépusculaire (1).

Mariotte en cherchant à expliquer l'origine des

(1) *Traité de la nature de l'air*, tome Ier, page 175 et 176.

fontaines s'est demandé si l'eau qui tombe sur le
sol suffit à alimenter les sources et les cours
d'eau.

« Pour m'en assurer, dit-il, je me sers d'une
« expérience qui a été faite à ma prière, il y a sept
« ou huit ans, à Dijon, par un très habile homme et
« très exact dans ses expériences (1). » Il décrit
ensuite cet appareil nouveau qui n'est autre qu'un
pluviomètre et il ajoute : « Le résultat de cette expé-
« rience fut qu'en une année il pouvait ordinaire-
« ment tomber des eaux de la pluie jusqu'à la hau-
« teur d'environ 17 pouces. »

Ce nombre est notablement inférieur à celui
qu'on a obtenu dans ces derniers temps : la
moyenne des observations faites à l'Ecole Normale
de Dijon ou dans le service des Ponts et Chaussées
de 1877 à 1887 donne 700 millimètres d'eau au lieu
de 17 pouces ou 460 millimètres observés par l'ami
de Mariotte. C'était le premier essai d'une détermination qui est aujourd'hui prescrite dans certains de nos services publics.

Un siècle plus tard Monge, qui a fait de brillantes leçons sur tant de sujets différents, a aussi en-
seigné la météorologie. Il eut un si grand succès
qu'il fut en quelque sorte obligé de publier le résumé
de ses leçons. C'est ce qu'il fit dans le tome V des
Annales de chimie. Ce recueil venait alors d'être
fondé par un de vos plus illustres confrères, par le
savant chimiste dijonnais Guyton de Morveau,

___

(1) *Traité du mouvement des eaux,* tome II, page 339. Edition
déjà citée.

avec la collaboration de Lavoisier, de Monge, de
Berthollet et de Fourcroy.

Il ne serait pas sans intérêt de mesurer avec précision les progrès accomplis après un nouveau siècle
écoulé en comparant les théories météorologiques
des deux savants bourguignons, de Mariotte et de
Monge, avec les données actuelles de la science. Mais
pour rester dans mon sujet, je me contenterai de
remarquer que deux de vos confrères ont avancé la
solution de deux questions importantes et difficiles,
que Mariotte s'était proposées et qui intéressent
à un haut degré la physique du globe. Darcy après
ses travaux sur la filtration a pu serrer d'un peu
plus près le problème du régime des sources (1) et
M. Bazin dans ses études expérimentales sur la
propagation d'une vague dans un canal étroit a fourni
des résultats qui ont été mis à profit pour chercher les
lois des mouvements des flots dans les océans (2).

VII

J'ai fait une esquisse assurément incomplète des
progrès que la physique doit à vos savants. C'est depuis longtemps pour moi un devoir de les connaître,
c'est aujourd'hui un honneur de vous en parler.
Dans toutes les voies ouvertes à l'esprit humain vous
avez eu des initiateurs qui y ont laissé des traces
profondes. Condorcet disait déjà de votre cité en

(1) *Les Fontaines de Dijon,* page 596 et suiv.
(2) *Recherches expérimentales relatives aux remous et à la propagation des ondes.* Tome XIX des *Mémoires des savants étrangers.*

commençant l'éloge de Mariotte : « Peu de villes ont
« produit un plus grand nombre d'hommes de mé-
« rite, parce que peu de villes ont senti avec tant
« d'enthousiasme le prix du talent et leur ont au-
« tant décerné d'hommages publics. » Le secrétaire
de l'Académie des Sciences n'était pourtant pas sûr
de la valeur de son explication. Obéissant à ce
scrupule, il met en note « savoir si ce que je
« dis ici de la ville de Dijon est vrai ou non (1)? »

Il n'est pas aisé de comparer les degrés de l'enthousiasme que les hommes illustres ont provoqué
ici et ailleurs, et vous seriez même plus excusables
que bien d'autres d'en oublier ou d'en négliger
quelques-uns ; vous en avez tant à compter ! C'est
aux qualités natives de la race qu'il faut attribuer
une influence puissante, que ne peuvent avoir les
manifestations de l'esprit public.

Depuis que Condorcet rendait témoignage du
mérite de vos ancêtres, les nouvelles générations
nées sur cette terre privilégiée ont fourni une élite
plus nombreuse encore que dans les siècles passés.
Si votre ville, si votre province en ont une légitime
fierté, la grande patrie, la patrie française en a tiré
aussi profit et gloire. Elle ne l'oubliera pas et saura
maintenir par ses institutions d'enseignement supérieur la haute culture intellectuelle dans une
contrée qui lui a donné tant d'hommes de valeur
et qui garde encore sa rare fécondité.

---

(1) *Œuvre de Condorcet*, tome II, page 23, Edition de 1832.

DIJON. — IMPRIMERIE DARANTIERE

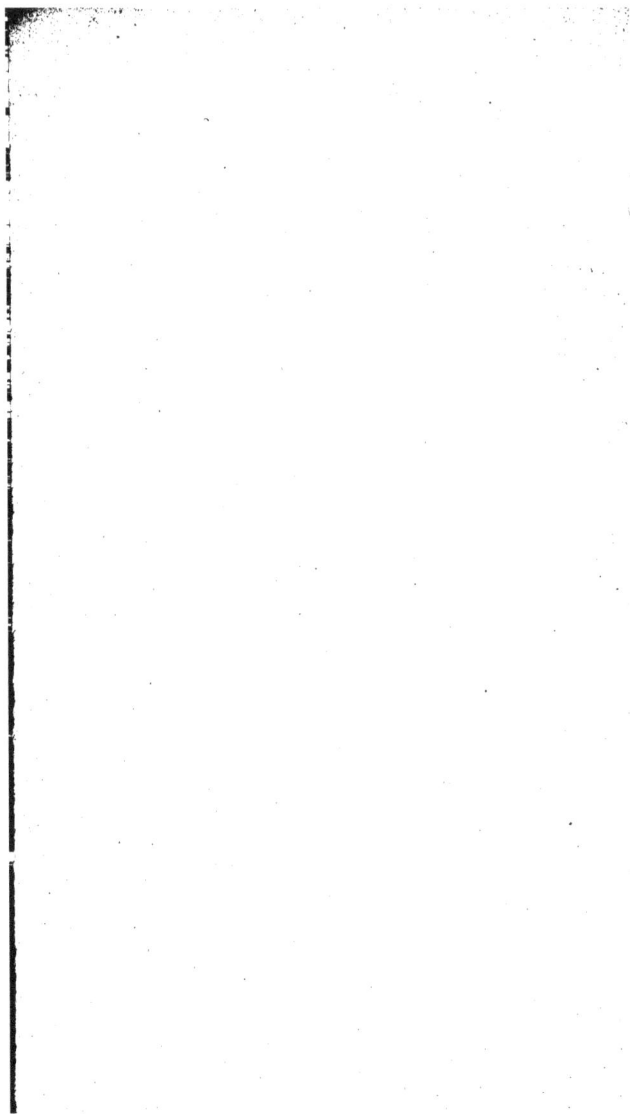

www.ingramcontent.com/pod-product-compliance
Lightning Source LLC
Chambersburg PA
CBHW071415200326
41520CB00014B/3454